ANNA GRUNDULS DESIGN
ANNA GRUNDULS . COM

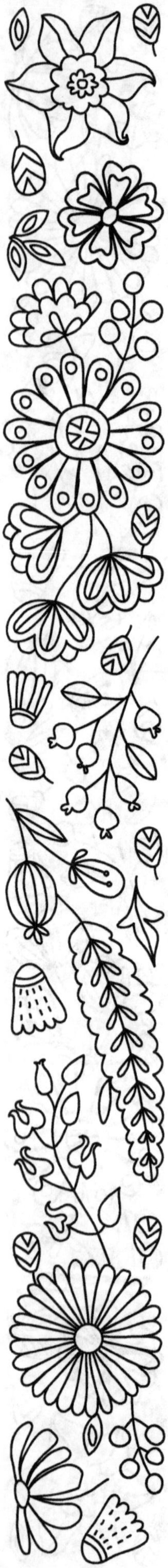

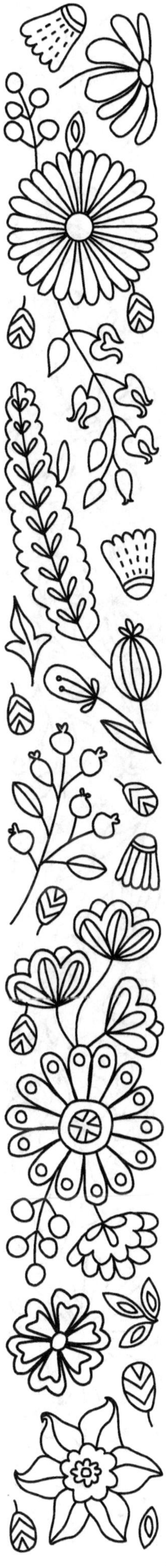

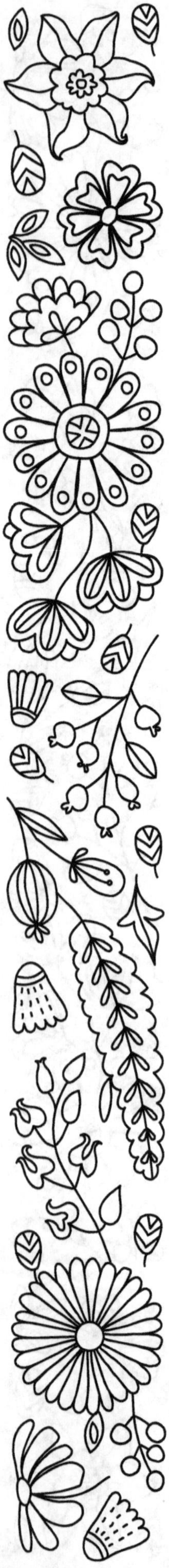

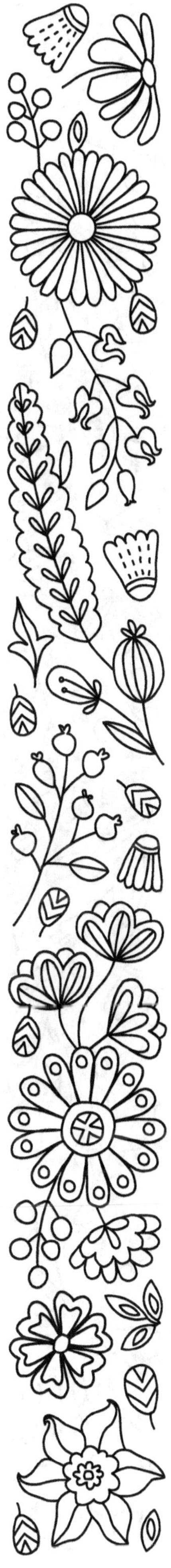

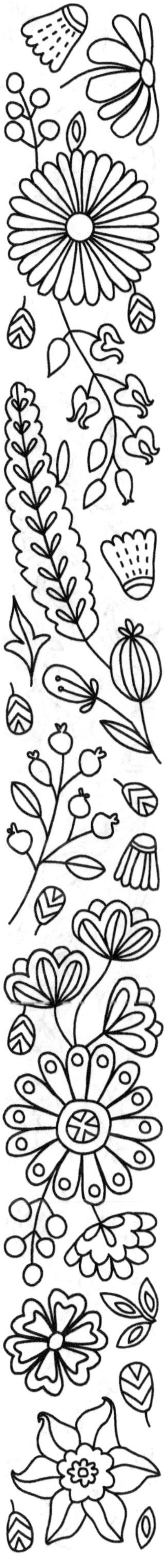

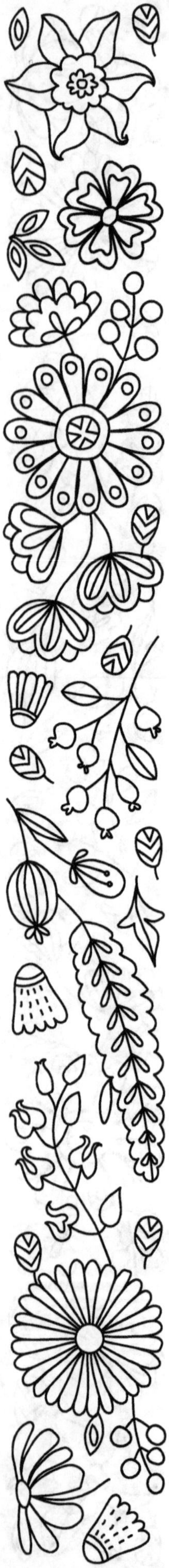

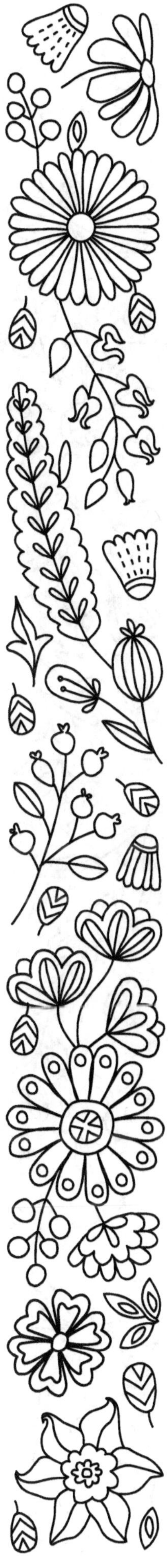

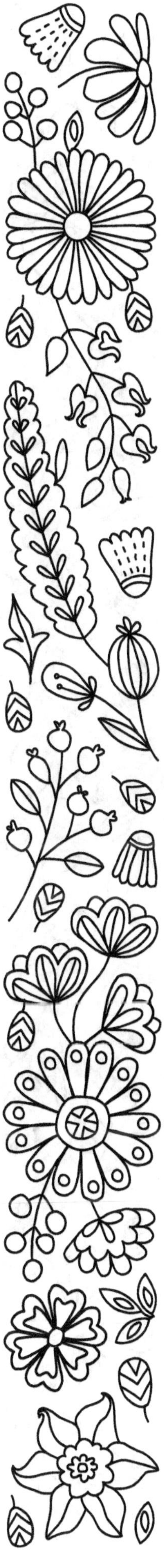

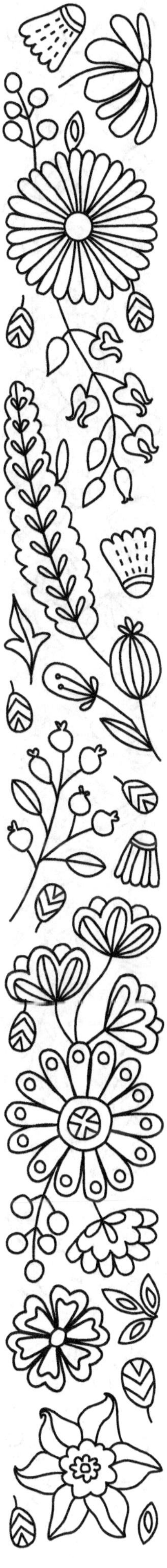

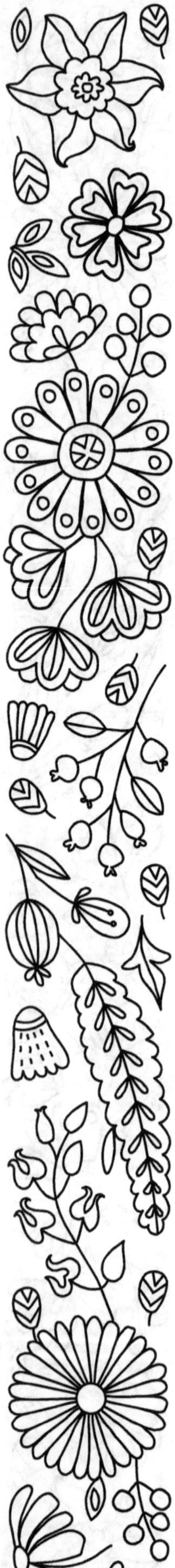

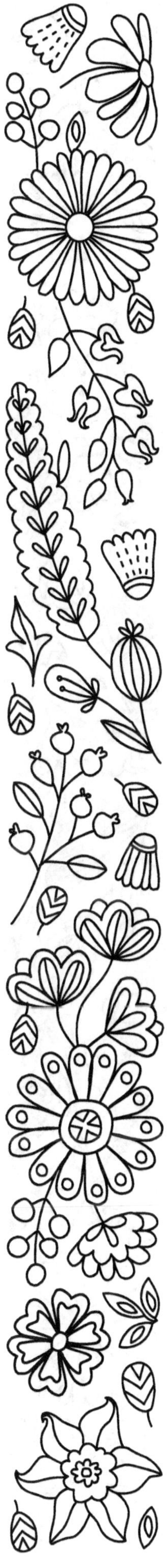

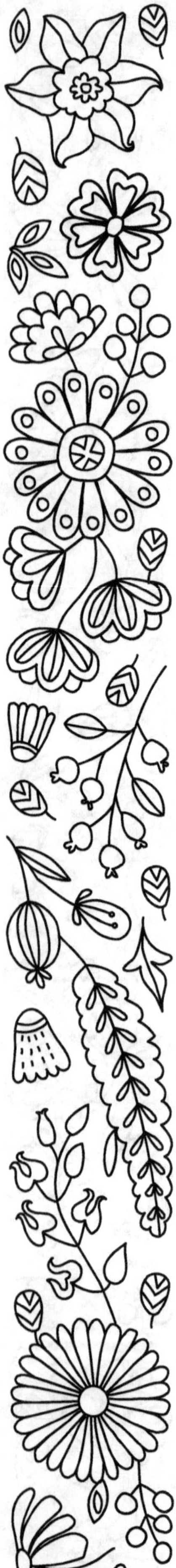

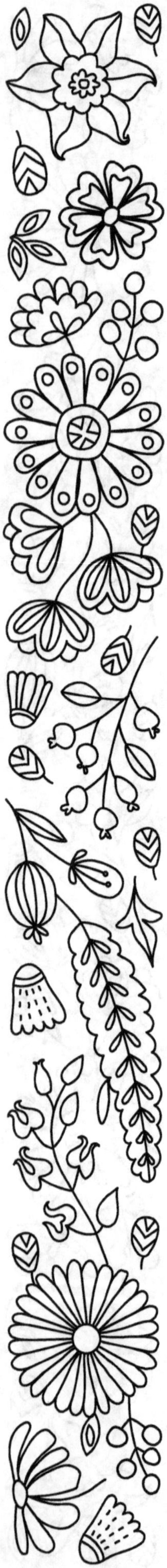

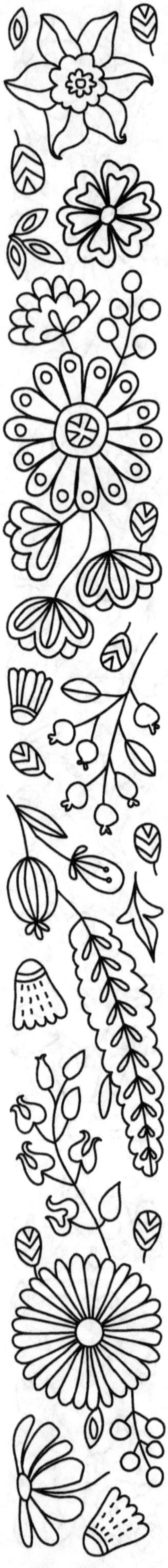

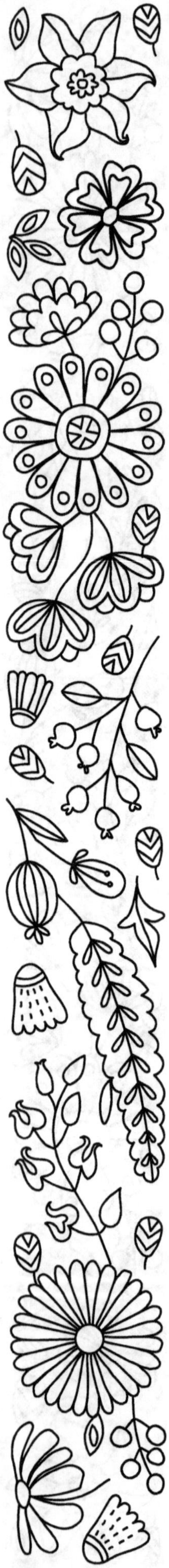

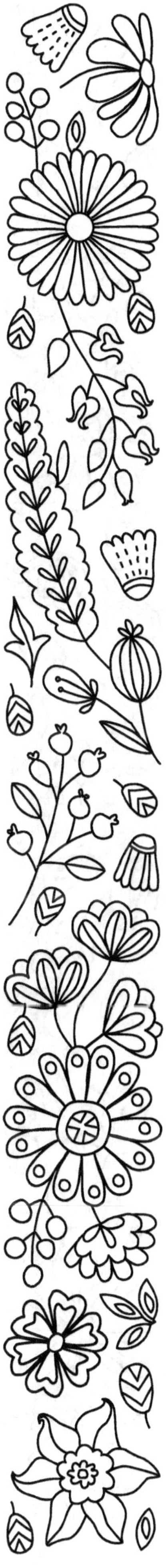

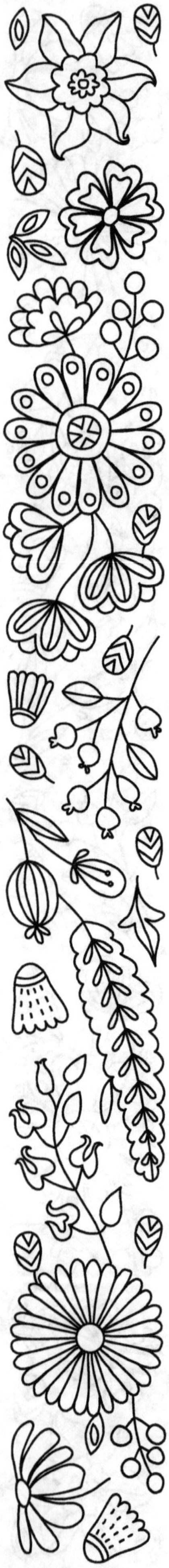

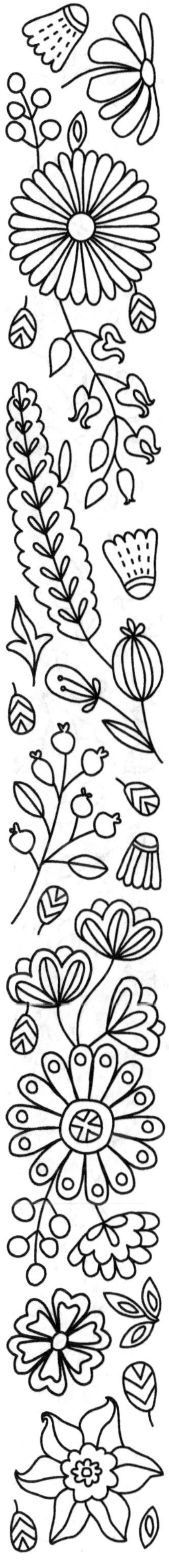

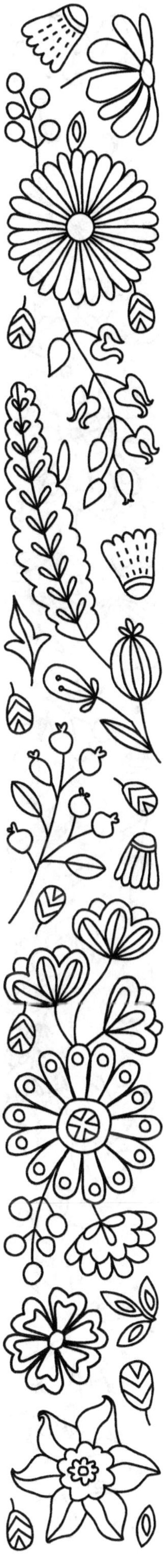

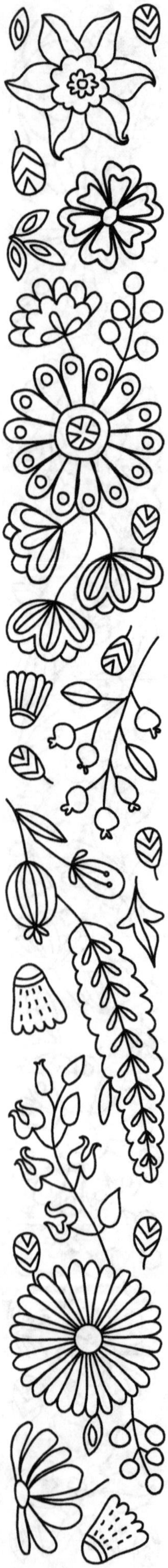

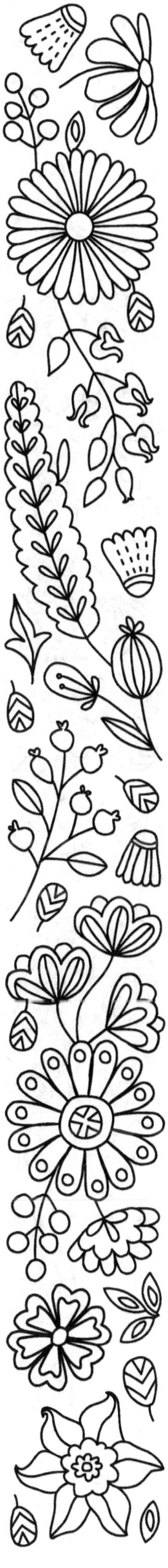

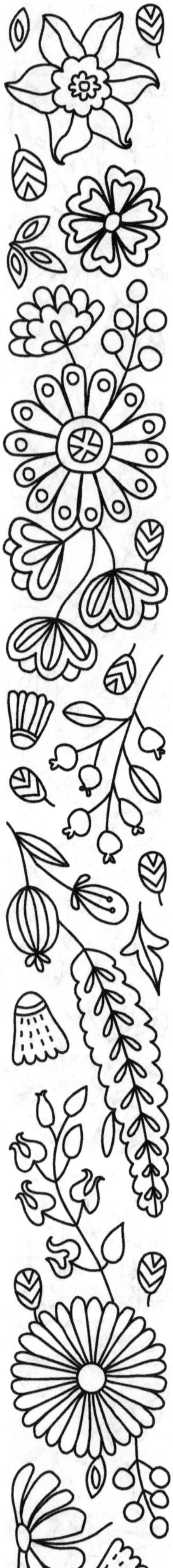

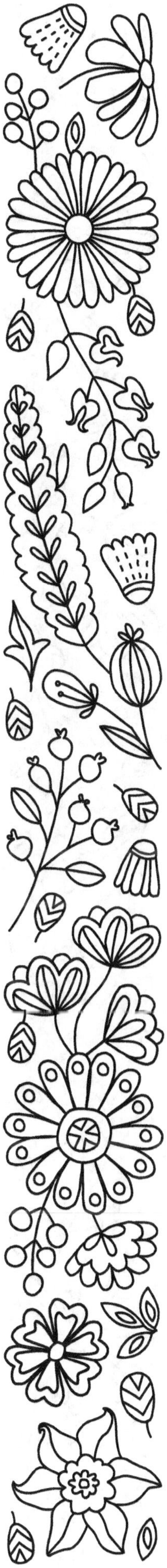

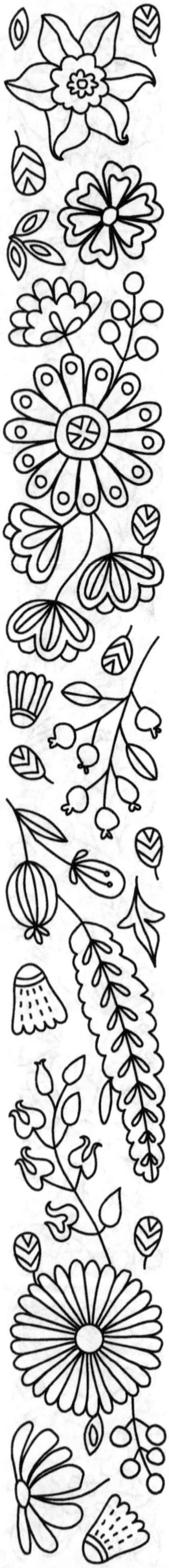

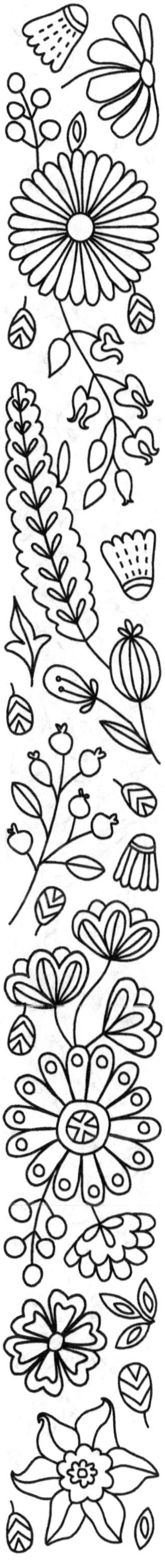

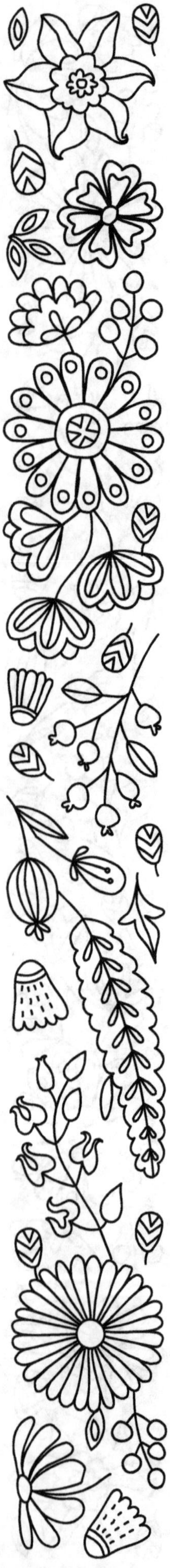

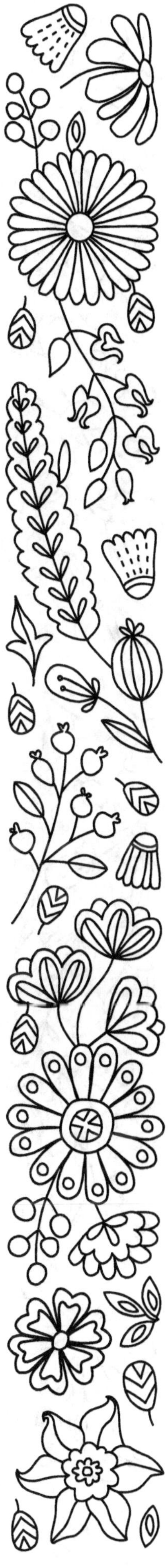

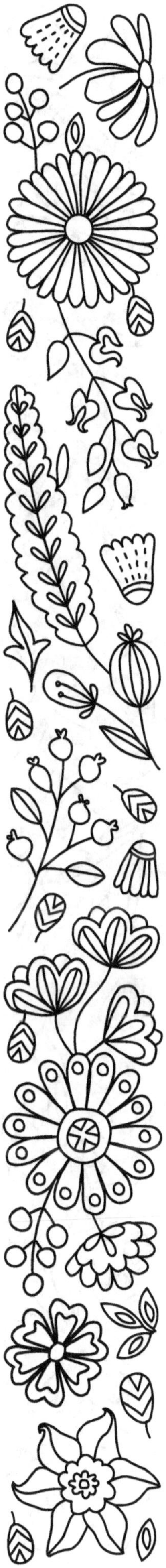

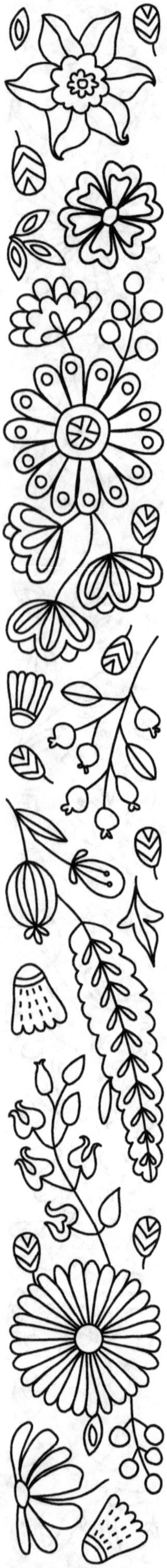

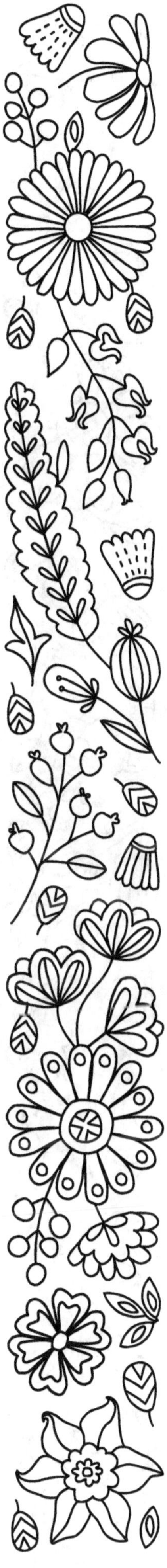

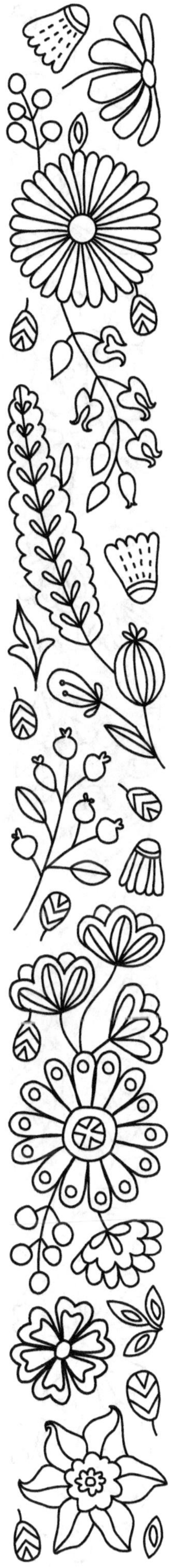

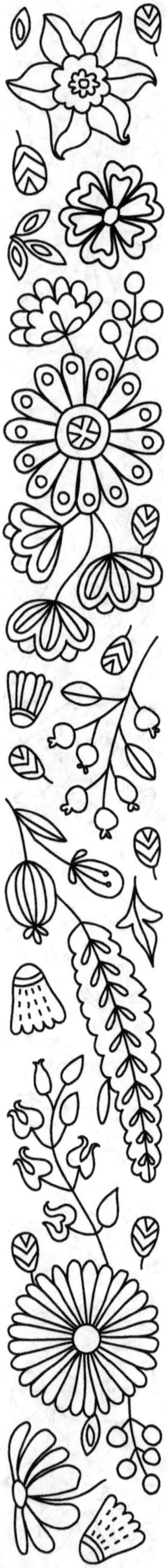

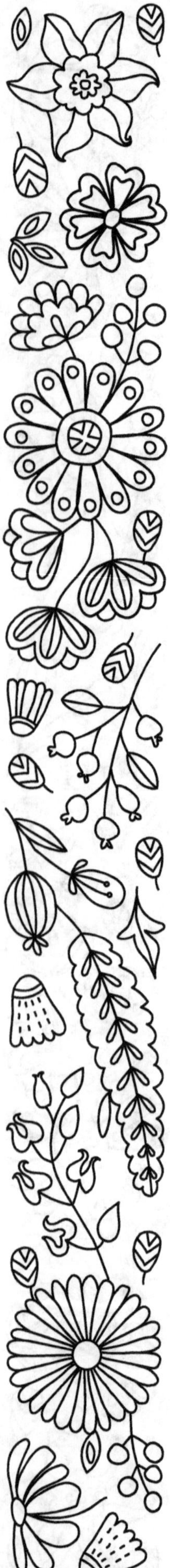

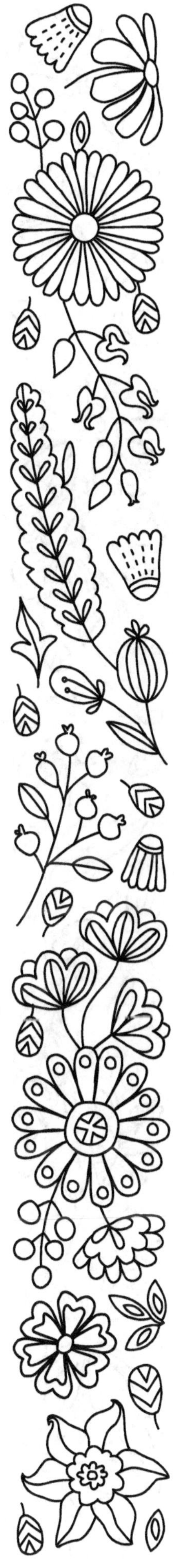

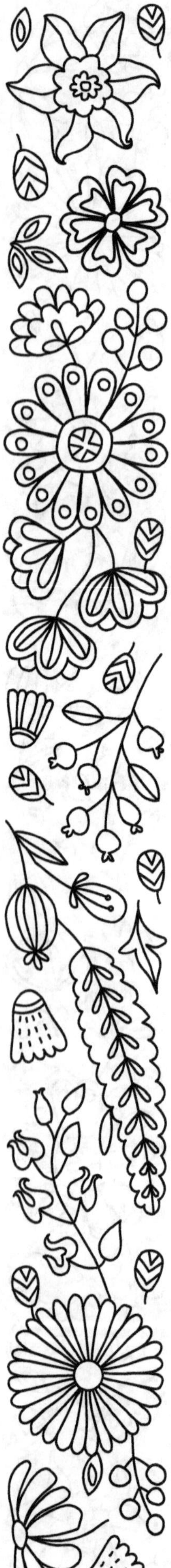

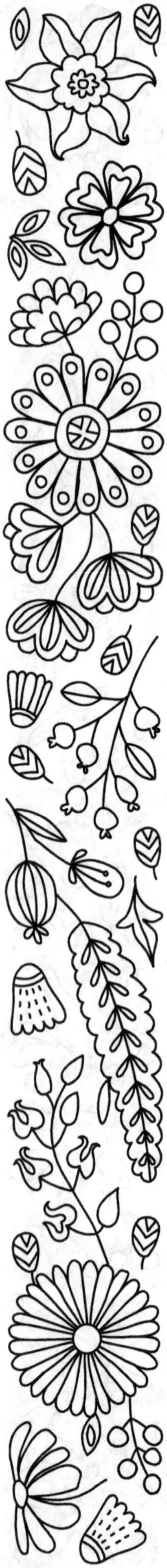

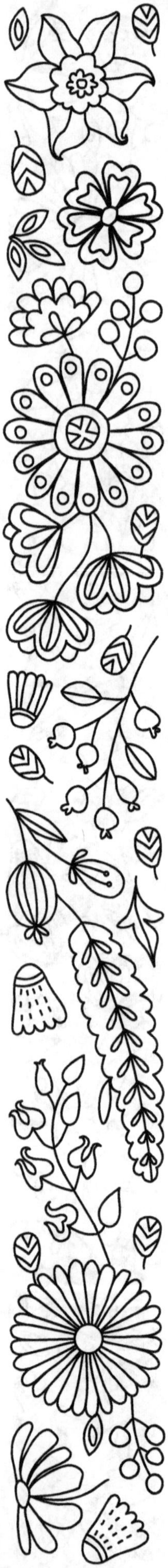

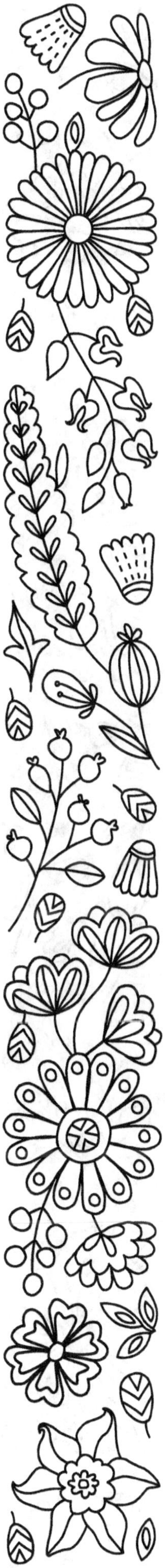

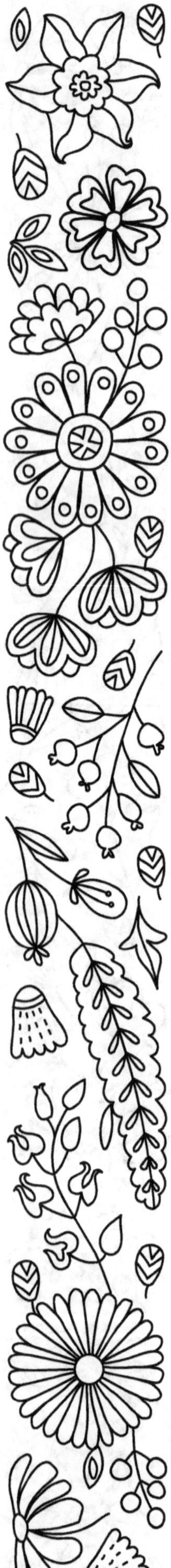

www.ingramcontent.com/pod-product-compliance
Lightning Source LLC
Chambersburg PA
CBHW081605220526
45468CB00010B/2777